哈麗特・齊弗特
著有兒童讀物逾200多本,是藍蘋果(Blue Apple Books)出版社的創始人,目前定居在麻州伯克夏郡。

布萊恩・菲茨傑拉德
是享譽國際並曾獲許多獎項的插畫家,定居在愛爾蘭。

林郁芬
譯有《媽咪爸比,我也可以!》、《向世界傳愛的100個親親》、《沒有尾巴的小美人魚》。

感謝有水

水如何使我們的星球生生不息

SDGs生態永續繪本

文／哈麗特・齊弗特・圖／布萊恩・菲茨傑拉德

感謝有水：水如何使我們的星球
生生不息(SDGs 生態永續繪本)

作　　者：哈麗特‧齊弗特
繪　　者：布萊恩‧菲茨傑拉德
譯　　者：林郁芬
企劃編輯：許婉婷
文字編輯：江雅鈴
設計裝幀：張寶莉
發 行 人：廖文良

發 行 所：碁峰資訊股份有限公司
地　　址：台北市南港區三重路 66 號 7 樓之 6
電　　話：(02)2788-2408
傳　　真：(02)8192-4433
網　　站：www.gotop.com.tw
書　　號：ACK019600
版　　次：2025 年 06 月初版
建議售價：NT$360

授權聲明：Be Thankful for Water
Text copyright © 2023 Harriet Ziefert. Illustrations copyright
© 2023 Brian Fitzgerald. Published in 2023 by Red Comet Press

國家圖書館出版品預行編目資料

感謝有水:水如何使我們的星球生生不息(SDGs 生態永續繪本)
/ 哈麗特‧齊弗特原著;布萊恩‧菲茨傑拉德繪;林郁芬譯.
-- 初版. -- 臺北市：碁峰資訊, 2025.06
　　面 ;　　公分
國語注音；SDGs 生態永續繪本
譯自：Be thankful for water: how water sustains our planet
ISBN 978-626-425-092-4(精裝)
1.CST：水資源保育　2.CST：永續發展　3.CST：繪本
4.SHTB：環保--3-6 歲幼兒讀物
554.61　　　　　　　　　　　　　　　　　114006649

商標聲明：本書所引用之國內外公司各商標、商品名稱、網站畫面，其權利分屬合法註冊公司所有，絕無侵權之意，特此聲明。

版權聲明：本著作物內容僅授權合法持有本書之讀者學習所用，非經本書作者或碁峰資訊股份有限公司正式授權，不得以任何形式複製、抄襲、轉載或透過網路散佈其內容。
版權所有‧翻印必究

本書是根據寫作當時的資料撰寫而成，日後若因資料更新導致與書籍內容有所差異，敬請見諒。若是軟、硬體問題，請您直接與軟、硬體廠商聯絡。

一

水是家園

沒有水，
動物們還有棲身之處嗎？

沒有！

體型龐大的鯨魚和海豚,

海龜和鯊魚，

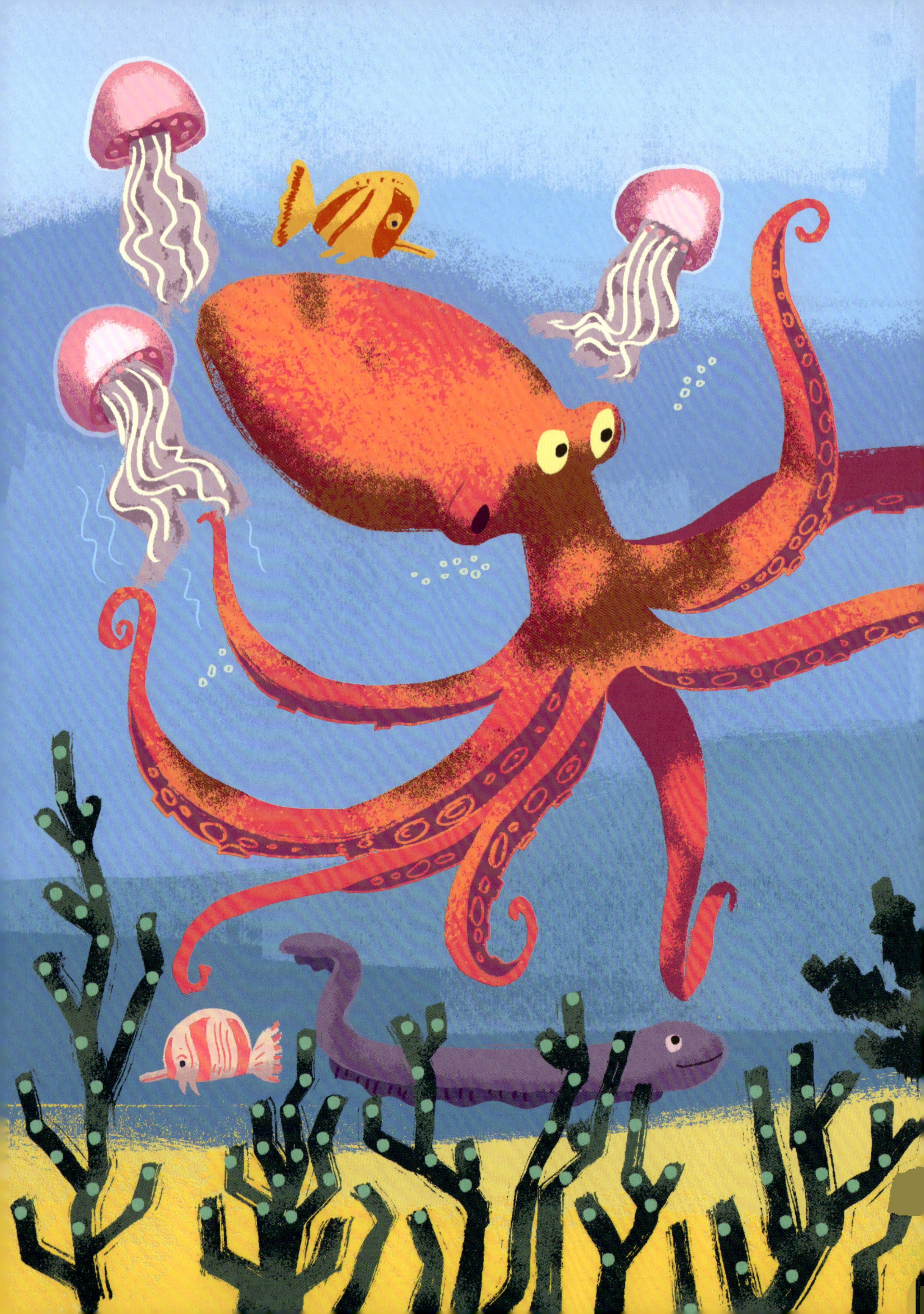

章魚、水母，
還有身體很長、會放電的鰻魚，

蝦ㄒㄧㄚ子ㄗ˙、蛤ㄍㄜˊ蜊ㄌㄧˊ與ㄩˇ牡ㄇㄨˇ蠣ㄌㄧˋ，

魚類、海豹與海牛,

企㇐鵝ㄜˊ和ㄏㄜˊ……

北極熊⋯⋯好多動物都在海裡生活。

水獺與河狸,

甚至一些蛇類,

鴨子、天鵝和河馬，
都住在河川與湖泊裡。

二

水是潔淨

沒有水，
我們還能保持乾淨嗎？

沒辦法！

在蒸氣瀰漫的淋浴間,

有溫暖、充滿泡泡的浴缸,

每天晚上——洗刷刷！洗刷刷！

碗盤閃閃發亮,

鍋子跟新的一樣,

衣服、床單和毛巾，
也都需要洗滌！

車子沾滿泥巴，
寵物渾身髒兮兮，

得先把它們打溼，
才能洗刷乾淨！

三

水是天氣

沒有水,
地球上還會有四季嗎?

沒有!

春日的綿綿細雨，

夏天的轟隆陣雨,

秋天的傾盆大雨……

還有隆隆的雷聲!

半融的雪讓街道濕濕滑滑，

飄落的雪花，把院子染成了白色。

冰雹四處跳呀跳……

堅硬的冰面滑溜溜。

濃霧是水變的，

閃亮亮的雪人,好像會發光!

陽光加上水蒸氣，
變成了一道美麗的彩虹！

四

水是休閒娛樂

沒有水，
生活還會那麼有趣嗎？

不會！

可以游來游去的游泳池,

可以划船的池塘,

在漂漂河上搖槳划船，
也能順流而下。

在小溪裡划著獨木舟，

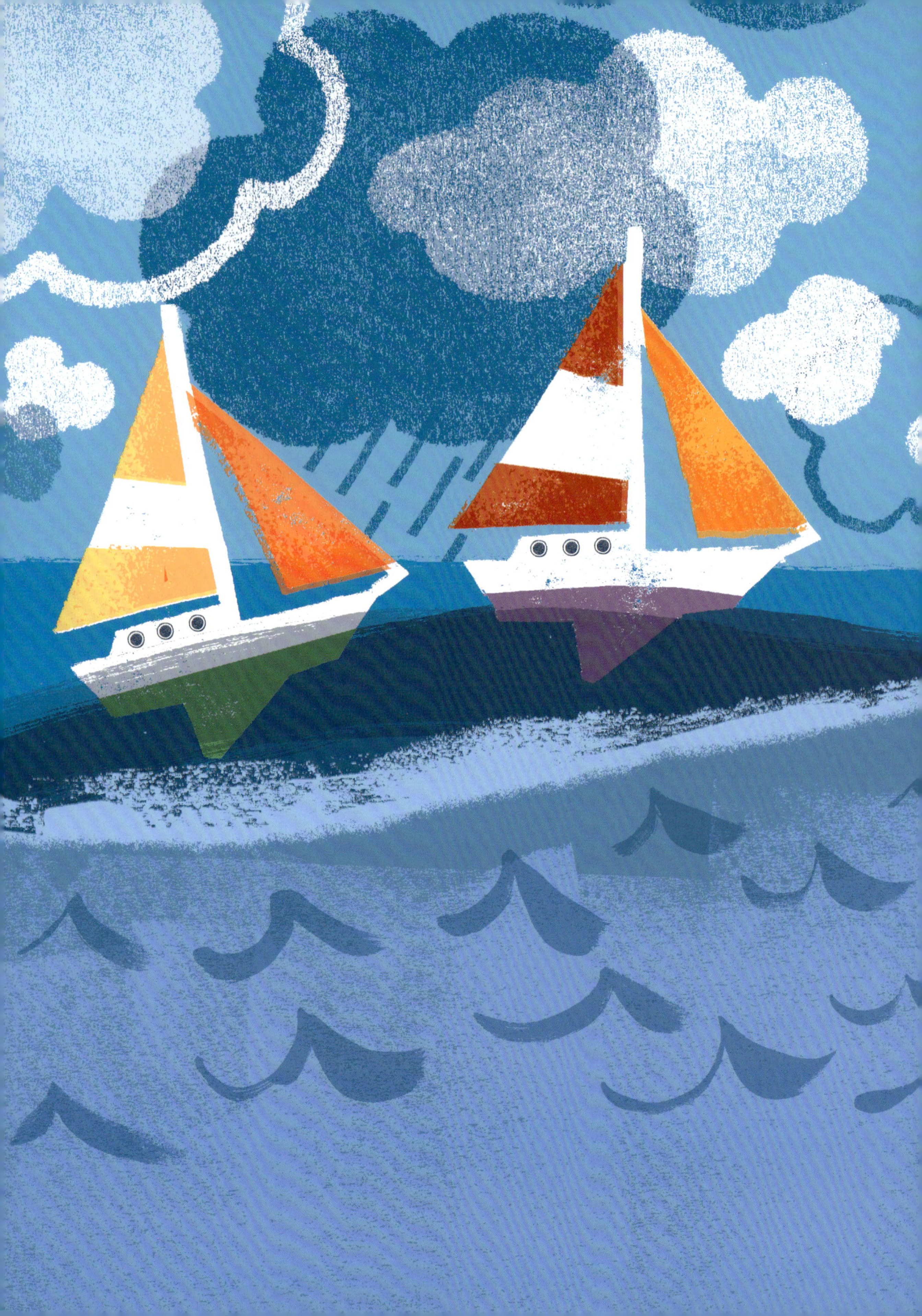

在大海上揚起帆船，乘風而行，

在廣闊的湖面上，
站在滑水板上急速滑行。

在海中浮潛，

大海的深處
有什麼呢？

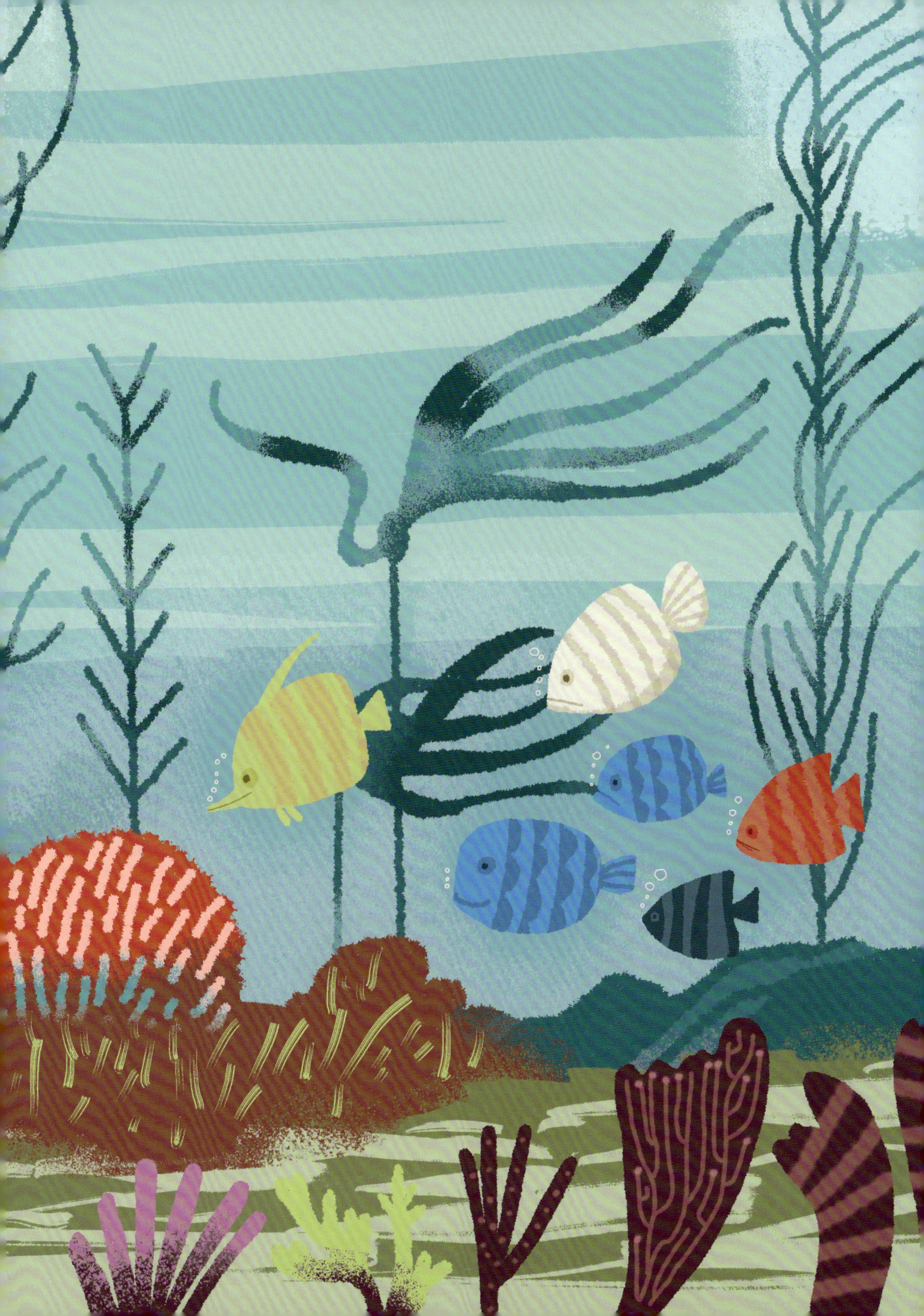

從陡峭的岩石往下跳，
撲通！激起一陣水花！

五

水是健康

沒有水,
我們的身體能維持健康嗎?

沒辦法!

唾液能使口腔濕潤,

淚水讓眼睛不會乾澀,

黏液能捕捉非常微小的病菌。

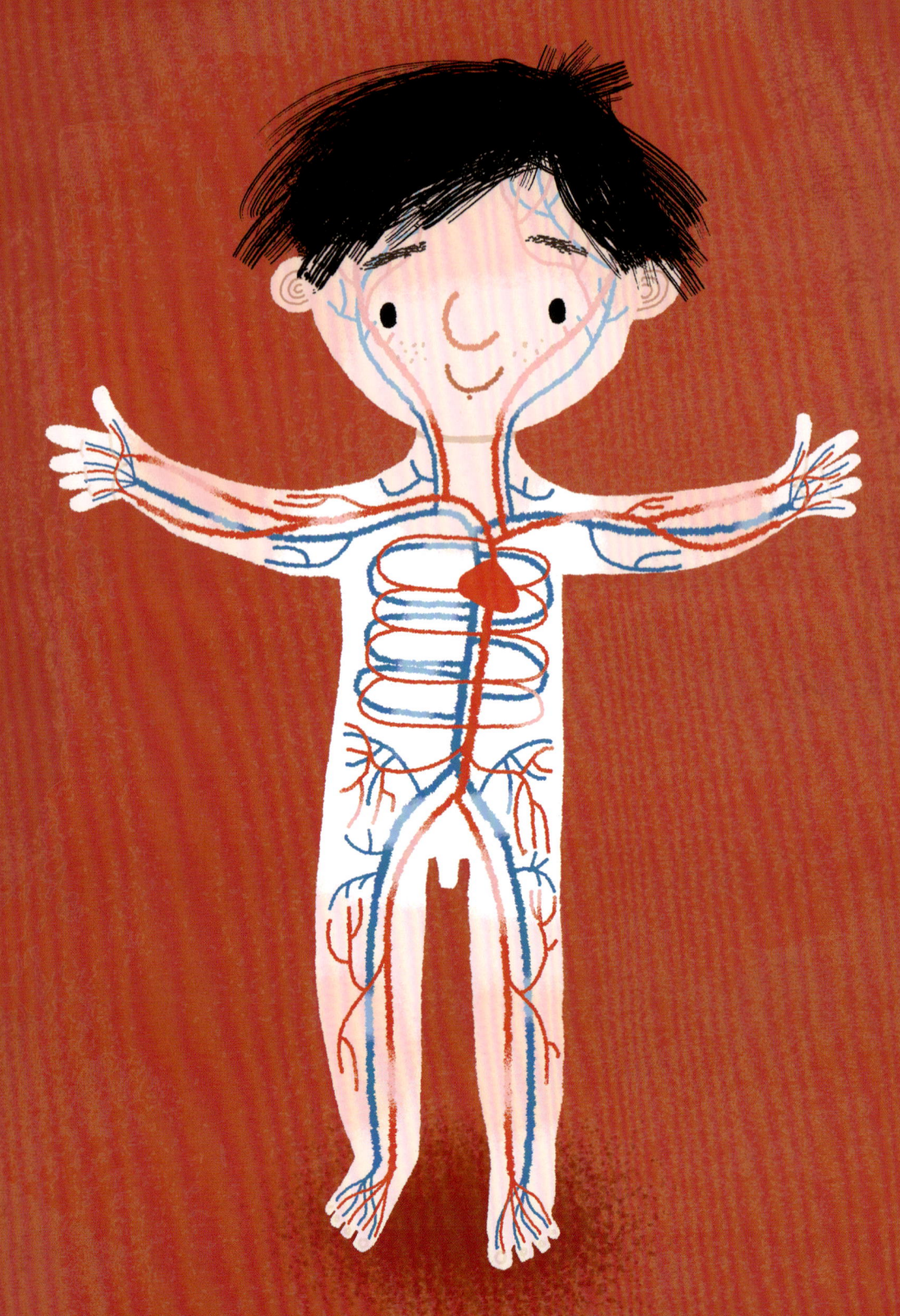

我們身體內所有流動的液體，
有的濃，有的稀，

幫助我們把毒素排出體外，
並為皮膚補水。

從飲水臺咕嚕咕嚕喝水，

從大杯子裡小口小口喝,

喝水讓我們保持健康!

六

水是食物

沒有水,

天地萬物能得到滋養嗎?

不能!

食草動物吃的青草,

讓愛吃樹葉的動物，
有樹木可以提供美味的葉子享用。

小動物們吃的植物，

食蟲動物吃的小蟲。

海龜吃的海草,
藍鯨吃的磷蝦,

螃蟹與小海螺
吃的藻類。

生物需要水才能長胖，
不會瘦巴巴。

大家都需要來一頓
豐盛的鮮魚大餐！

七

水是生命

沒有水,

生命還可能存在嗎?

不可能!

工廠的黑色汙泥，
大量的塑膠廢棄物，

被沖上河堤與海岸。

垃圾使植物死亡，
讓大海生病了。

讓我們清除海中的人為廢棄物。

清理海洋,

淨化湖泊與河川,

乾淨的水源，
能孕育健康的生物！

跳水！　　　游泳。

衝浪。　　　溜冰。

單板滑雪。　　滑雪。

舔著冰涼的冰棒。
小D喝著熱茶。

氣候變遷

水很珍貴

拯救水源

沒有B計畫

所有的爸爸、媽媽、和孩子們，

水是人權

拯救我們的海洋

停止塑膠汙染

都請永遠記得，
要感謝有水！